NOUVELLES ET IMPORTANTES OBSERVATIONS

SUR LE MEILLEUR MODE D'EMPLOI

DE LA

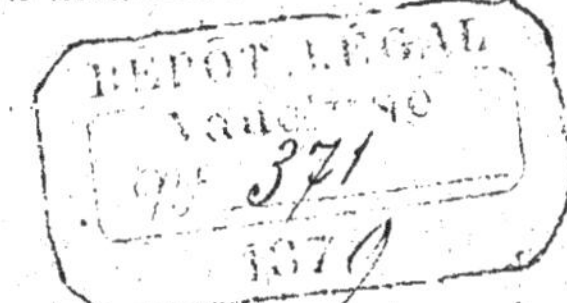

SUBMERSION DES VIGNES

PAR

Louis FAUCON

AVIGNON et TARASCON

TYPOGRAPHIE, LITHOGRAPHIE, STÉRÉOTYPIE

A LAGRANGE

Ancienne Maison Roux. Successeur de Bonnet

1879

NOUVELLES ET IMPORTANTES OBSERVATIONS

SUR LE MEILLEUR MODE D'EMPLOI

DE LA

SUBMERSION DES VIGNES

PAR

Louis FAUCON

AVIGNON et TARASCON

TYPOGRAHHIE, LITHOGRAPHIE, STÉRÉOTYPIE

A LAGRANGE

Ancienne Maison Roux. Successeur de Bonnet

1879

LETTRE A M. DUMAS

Gravéson le 21 Octobre 1879.

Monsieur le Secrétaire Perpétuel,

Dans la lettre que j'ai eu l'honneur de vous adresser le 11 Juillet dernier, j'établissais que les phylloxeras épargnés dans les vignes soumises aux traitements les plus efficaces, étaient une des causes des réinvasions estivales que vous m'avez chargé d'étudier ; et je vous annonçais l'envoi ultérieur d'une nouvelle communication qui vous ferait connaître le résultat des recherches que je faisais dans le but de trouver d'autres origines à ces réinvasions.

Avant d'entamer ce second point de la question, veuillez, je vous prie, me permettre de revenir, pour un moment, sur le sujet de ma lettre du 11 Juillet.

Je vous disais dans cette lettre qu'après les plus actives et les plus sérieuses investigations opérées, le 4 Juin, par M. Marion, M. Foëx, le moniteur-chef de la Compagnie Paris-Lyon-Méditerranée, mon neveu et moi, investigations ayant eu une durée de cinq heures et ayant porté sur les racines de seize souches, sept de ces souches arrachées complétement ; *il avait été trouvé trois phylloxeras!!!* dans mon vignoble du Mas de Fabre, vignoble venant de subir une submersion de cinquante jours.

Le fait de ces trois phylloxeras trouvés à grand peine dans un vignoble de vingt hectares, a été si mal interprêté, on en a tellement exagéré l'importance, on en a tellement abusé pour battre en brêche le procédé de la submersion, que rais coupable, au point de vue de l'intérêt néral, si je ne donnais les explications nécessaires pour ramener à sa juste valeur le fait en question.

J'ai dit la peine que nous avions eue pour découvrir ces trois insectes, mais je n'avais pas cru devoir entrer dans des détails pour expliquer les conditions dans lesquelles ils ont été trouvés.

Ils ont été trouvés, non *dans une tache déjà ancienne*, (comme cela a été dit et ce qui pourrait faire croire que la submersion est impuissante à guérir une vigne déjà affaiblie) mais sur un point où l'année dernière il y avait quelques souches faibles; souches qui ont été complétement rétablies et sont aujourd'hui dans un état de vigueur qui ne laisse rien à désirer,

Ces quelques souches sont situées dans un petit carré de 1,200 mètres de superficie, qui, pendant très-longtemps, des siècles peut-être, a servi d'aire de dépiquage au Mas de Fabre. Les détritus laissés dans ce coin de terre par les récoltes en céréales qui, tous les ans, y ont été entassées et y ont été dépiquées, ont eu pour double effet : 1° d'exhausser le niveau du sol du carré en question ; 2° d'en rendre la terre très perméable. Ces deux faits ont eu, à leur tour, pour conséquences: d'abord, de ne permettre, à l'époque de mes submersions, qu'à une mince couche d'eau d'arriver sur le terrain ; ensuite, d'imprimer à cette eau un courant de haut en bas qui est aidé par la perméabilité du terrain, d'une part, et un sous-sol caillouteux, de l'autre. Ces conditions, peu favorables à la réussite de la submersion, par suite du manque de pression dans la couche d'eau et de l'oxygène que cette eau en mouvement continuel renferme, ces conditions, dis-je, peuvent expliquer la présence des quelques phylloxeras qui ont été trouvés dans cet endroit. Le fait de n'avoir pu trouver, le même jour, aucun insecte dans toutes les autres parties de mon vignoble, où la submersion avait été faite d'une manière convenable, justifierait cette opinion.

Quantau phylloxera qui fut découvert dans la vigne submergée, depuis deux ans, du Mas de Martin, il ne prouve pas grand chose ; la submersion ayant été, jusqu'à présent, si mal exécutée dans cette vigne, qu'elle n'a pu produire qu'un faible effet.

On a établi une comparaison, au double point de vue de *moyen cultural et d'opération d'extinction*, entre les résultats obtenus par la submersion et ceux qu'ont produit d'autres traitements, et gain de cause a été donné à ces derniers.

Il y a là une grande erreur que l'on pourrait attribuer à une aveugle partialité et que je préfère mettre sur le compte d'un manque d'expérience pratique.

Pour établir ces comparaisons, on a pris une vigne soumise à la submersion, dans un pays, et une vigne traitée d'une autre manière, dans une autre localité; sans se préoccuper des conditions, souvent très différentes, dans lesquelles se trouvaient ces deux vignes ; conditions qui peuvent être favorables ou contraires à tel ou tel traitement. Cette manière de procéder est des plus vicieuses ; car ces comparaisons, pour être justes, auraient dû porter sur des vignes se trouvant dans des conditions absolument identiques, comme nature du sol, exposition, voisinage, climat, intensité du mal, précision dans l'application du traitement, etc., etc.

J'ai cherché, pendant longtemps, des vignes soumises à des traitements divers et réunissant toutes les conditions voulues pour qu'une comparaison rigoureusement juste pût être établie entre elles. Je les ai trouvées à l'Ecole nationale d'agriculture de Montpellier.

Dans un même sol de nature très compacte, il y a là :

N° 1. Un petit carré de vigne, d'une superficie de 143 métres et contenant 64 souches, qui, l'hiver dernier, grâce aux pluies copieuses tombées, a pu être submergé, pendant 35 jours consécutifs, au moyen des eaux pluviales aménagées dans ce but. L'installation de cet essai de submersion laisse à désirer, puisque sur le petit nombre de souches qu'il renferme, il y en a 14 dont le pied se trouve emprisonné dans la terre des digues qui ont été établies pour retenir l'eau.

N° 2. Une grande vigne sur laquelle a été prélevé le carré dont il vient d'être fait mention ; vigne traitée au sulfocarbonate de potassium depuis quatre ans ;

N° 3. Une vigne de 70 ares de superficie, désignée à l'Ecole sous le nom de *Mestroun*.

Non envahie par le phylloxera, non traitée, par conséquent, et non fumée, en 1874, cette vigne *Mestroun* produisit, cette année là, 11,000 kilos de raisins. Envahie l'année suivante, elle fut traitée :

En 1875, au sulfure de potassium, avec addition de fumier de ferme ; sa récolte fut, cette année, de 7.100 kilos de raisins ;

L'année suivante, (hiver de 1875-1876) au sulfocarbonate de potassium, par M. Mouillefert, sans engrais ; elle produisit 2.012 kilos de raisins ;

Ensuite, (hiver 1876-1877) au sulfure de carbone et sulfoleine, par M. Rousselier, sans engrais ; son produit en raisins fut de 2.085 kilos ;

Une année, (hiver de 1877-1878) au sulfure de carbone, procédé P. L. M., et fumure à raison de 30.000 kilos de fumier de ferme à l'hectare ; il fut appliqué deux traitements réitérés ; quatre applications de sulfure, par conséquent, furent faites ; deux en Mars et deux en Juillet ; le produit en raisins fut de 1.595 kilos.

Cette année-ci (hiver de 1878-1879) la vigne a reçu le même traitement que l'année dernière, moins la fumure ; sa récolte a été nulle.

Dans les vignes n· 2 et n· 3 les traitements ont été appliqués avec une exactitude mathématique. Il serait peu généreux de ma part de parler de l'état actuel de ces vignes ; je ne les examinerai qu'au point de vue du nombre de phylloxera qu'ont laissé subsister les divers traitements auxquels elles ont été soumises.

Venu à Montpellier, à l'École d'agriculture, le 5 Juin, nous avons, M. Foëx, deux élèves de l'École et moi, fouillé, pendant trois heures, les racines de huit souches du carré n· 1, sans avoir pu trouver aucun phylloxera, aucune nodosité. Le lendemain, M. Foëx. M. Valery-Mayet, professeur d'entomologie de l'École et moi, avons, pendant six heures, examiné avec le plus grand soin vingt-quatre nouvelles souches du même carré et n'avons pas été plus heureux que la veille : pas un phylloxera, pas un renflement.

Pendant que ces recherches se faisaient, sans le moindre succès, dans la vigne soumise au traitement de la submersion ; chaque fois qu'un coup de pioche était donné, les mêmes jours et aux mêmes heures, dans les vignes n° 2 et n° 3 traitées par le sulfure de carbone et le sulfocarbonate de potassium, ce coup de pioche amenait invariablement des racines ou des radicelles sur les quelles il y avait plusieurs phylloxeras et plusieurs renflements.

A ces constatations je pourrais en ajouter d'autres, mais

je crois que celles-ci sont suffisantes pour établir quel est le *traitement cultural* au quel résiste le plus petit nombre de phylloxéras ; constatations faites non dans des lieux et des conditions différentes, mais dans un même lieu et dans des conditions absolument identiques.

Comme *moyen d'extinction,* je crois aussi pouvoir prouver, avant peu, que la submersion, *là où elle est applicable,* débarrasse plus complètement et plus surement une vigne des phylloxeras qui l'ont envahie, que ne peuvent le faire les insecticides les plus énergiques. Je me limiterai aujourd'hui à citer quelques faits.

1° Dans une partie de mon vignoble situé â 700 mètres de distance des foyers permanents qui, chaque année, m'envoient des colonies de phylloxeras, se trouve un basfond d'où je ne puis faire écouler complètement les eaux, lorsque mes submersions sont terminées. Les souches, au nombre de 2,500 à 3,000, qui sont situées dans ce basfond, sont restées, l'hiver dernier, 81 jours consécutifs sous l'eau. *Il a été absolument impossible, dans tout le courant de cette année, de découvrir un seul phylloxera sur leurs racines.*

2° Dans le vignoble d'un de mes parents, dont le sol profond, argilo-calcaire, trés compacte est très propice à la submersion, vignoble très fortement phylloxéré, il y a quelques années, que la submersion a sauvé d'une mort certaine et qui a été submergé, l'hiver dernier, pendant 60 jours ; dans ce vignoble, dis-je, les recherches les plus actives et les plus minutieuses, opérées à la fin du mois d'Août, *n'ont pu faire trouver aucun phylloxera.*

Des deux faits que je viens de citer je suis loin de vouloir tirer la conclusion que la submersion anéantira toujours tous les phylloxeras d'une vigne. En prenant pour exemple ce qui, cette année, s'est passé dans mon vignoble, auquel le procédé est appliqué avec une grande exactitude, et où, cependant, trois hibernants ont été trouvés le 4 Juin, est, je crois, prudent d'admettre que le traitement laissera souvent échapper quelques insectes; insectes qui heureusement, par suite de leur petit nombre et du court espace de temps qu'ils séjournent dans la vigne, ne peuvent causer aucun dommage appréciable.

Cependant, tout en admettant que quelques pucerons sont souvent épargnés par la submersion employée comme *moyen cultural*, je suis persuadé qu'en prolongeant plus longtemps le séjour de l'eau, on arriverait à la destruction complète et radicale de tous les phylloxeras d'un vignoble; et que ce résultat s'obtiendrait dans tous les sols, de quelque nature qu'ils fussent; excepté toute fois dans ceux d'une perméabilité excessive.

A cette opinion on objectera que malgré les submersions les mieux conduites, il restera toujours dans la terre des bulles d'air qui permettront à quelques phylloxeras d'échapper à l'asphyxie.

Si cet argument était fondé, il faudrait abandonner le procédé de la submersion ; parceque dans toute terre couverte d'eau, même pendant très longtemps, il y a toujours un très grand nombre de bulles d'air retenues dans des cavités. Or, si l'air de ces bulles suffisait à l'existence du phylloxera, le nombre de ceux de ces insectes qui résisteraient au traitement serait tellement considérable, que l'efficacité de la submersion pourrait être considérée comme presque nulle. Ceci ne laisse aucun doute dans l'esprit lorsqu'on a vu les expériences que M. le professeur Valery-Mayet a faites dans des tubes en verre longs de deux mètres et d'un diamètre de dix centimètres. La moitié inférieure de ces tubes était remplie de terre dans laquelle avait été distribué un certain nombre de racines de vigne phylloxérées ; le tout rempli et couvert d'eau jusqu'à une hauteur de 50 centimètres au-dessus de la terre. Des bulles d'air, parfaitement visibles, étaient retenues dans des cavités qui touchaient les parois du verre. Il est rationnel d'admettre qu'il y en avait également, en aussi grand nombre, dans toutes les parties de la terre submergée. Grâce à l'air de ces bulles, un certain nombre de phylloxeras aurait dû survivre à l'expérience. Il n'en fut rien. Au bout de 30 jours, les racines ayant été déterrées, tous les phylloxeras ont été trouvés morts. L'air des bulles, vicié par une cause ou par une autre, n'était plus apte à faire vivre l'insecte. Les choses doivent se passer de la même manière dans les couches souterraines d'un vignoble submergé; et la preuve, c'est que dans la parcelle de mes vignes qui est restée sous l'eau pendant 81 jours consécutifs, il n'a pas été possible de trouver un seul phylloxera vivant, malgré les bulles d'air qui nécessairement devaient rester dans la terre.

Je persiste donc à croire et j'espère prouver, avant peu, que la destruction complète, radicale de tous les phylloxeras d'un vignoble est possible, au moyen d'une submersion suffisamment prolongée.

Peut-on en dire autant des autres moyens dont on se sert pour éteindre des foyers phylloxériques naissants? Le doute est au moins permis lorsque le traitement sera appliqué à des vignes plantées dans des terrains d'une très grande profondeur, comme nous en avons, en grand nombre, dans nos plaines et dans nos terres d'alluvion ; car, il n'est guère possible que les vapeurs toxiques des agents employés puissent arriver à des profondeurs de deux à quatre mètres. Puis, la réussite est-elle bien certaine dans les conditions moins défavorables où le moyen a été employé ? Espérons-le ! Cependant, des phylloxeras ont été trouvés au Soler, près de Perpignan, dans le domaine de l'Eule appartenant à MM. Hainaut frères, à 0 m 60 de profondeur, dans des vignes aux quelles le traitement d'extinction avait été appliqué administrativement.

Dans l'exposé que je viens de faire, au sujet de la supériorité *incontestable* de la submersion sur les insecticides, en tant que *moyen cultural* ; et de la même supériorité *très probable* comme *opération d'extinction, partout où la submersion est applicable,* je ne voudrais pas que l'on vit la moindre intention de répondre par une blessante critique aux généreux efforts des personnes qui consacrent leur temps et leur science au salut de nos malheureuses vignes. Le procédé de la submersion a été très attaqué, dans ces derniers temps ; j'ai cru devoir prendre sa défense ; puis et surtout, j'ai taché d'éclairer d'un rayon de vérité cette question si importante : *des meilleurs moyens à employer pour combattre le phylloxera,* question qui, malheureusement, est encore entourée de beaucoup d'ombres, au grand détriment des intéressés directs.

La plupart des attaques que l'on dirige nouvellement contre la submersion, ont été provoquées par quelques insuccès partiels qui, dans le courant de cette année, 1879, se sont manifestés dans des vignes auxquelles le procédé a été appliqué. Je crois pouvoir expliquer les causes de ces insuccès partiels et rares.

J'ai visité le plus grand nombre de ces vignes ; j'en ai examiné les points faibles avec la plus grande attention.

Partout, le mal, devenu apparent dès le mois de Mai, remonte aux derniers mois de l'année 1878. Sans crainte de se tromper, on peut en attribuer la cause : 1° A une insuffisance de submersion, dans l'hiver de 1877 à 1878; 2° A la multiplication excessive du phylloxera, dans le courant de l'année exceptionnellement sèche de 1878.

Des submersions de 30, 40 ou 50 jours, qui avaient donné des résultats complets, en temps de multiplication normale de l'insecte, ont été impuissantes en présence de la multiplication exagérée de l'année 1878. L'impuissance du traitement s'est d'autant plus manifestée : 1° que la submersion a été commencée plus tard; 2· Que sa durée a été moins longue ; 3· Qu'elle était appliquée à des terrains plus perméables.

De tous les vignobles que j'ai vu, celui qui a souffert le plus est situé dans un sol tellement perméable que 22,000 mètres cubes d'eau, par hectare, lui sont nécessaires pour une submersion de 35 jours; et, circonstance très aggravante, ce vignoble, dans l'hiver de 1878-1879, ne put être submergé qu'à partir du 22 Décembre Pour résister à la multiplication formidable de 1878, il aurait fallu que le dit vignoble eût été submergé dès l'arrêt de la végétation et qu'il fut resté sous l'eau pendant 75 jours consécutifs, sans la moindre interruption.. J'engage son propriétaire à opérer toujours de cette manière à l'avenir.

Dans une autre plantation de 70 hectares, que la submersion a sauvée et a amené à un état des plus florissants, il y a, cette année, quelques parcelles faibles qui, ensemble, représentent une superficie de 2 à 3 hectares. Là les causes de l'affaiblissement sont manifestes : Un point assez perméable n'a été submergé (toujours dans l'hiver de 1878-1879) que pendant 28 jours; et puis, des souches, en très grand nombre, sont emprisonnées dans la terre des digues; circonstance des plus fâcheuses qui est parfaitement connue du propriétaire, à qui j'ai prédit souvent ce qui lui arriverait un jour. S'il s'est laissé prendre, c'est bien par sa faute.

Une troisième propriété dans laquelle il y a eu aussi des points faibles, a éprouvé des interruptions dans sa submersion ; or, interruption équivaut à insuffisance.

Enfin, j'ai vu deux autres vignes où, malgré une submersion bien conduite, il y avait quelques rares points faibles. Ici, la cause de l'accident ne peut être attribué qu'à la multiplication extraordinaire du phylloxera en 1878.

L'accident ne se serait pas produit, si cette multiplication anormale n'avait pas eu lieu ; et il ne se renouvellerait plus, si on voulait suivre très exactement les prescriptions que je vais indiquer bientôt.

Les quelques accidents, heureusement de peu d'importance, qui se sont manifestés, cette année, dans des vignes soumises au traitement de la submersion, et qui ne sont qu'un très petit point noir à côté des succès éclatants, des splendides rècoltes que donnent les vignes submergées, surtout dans le Bordelais où les résultats ont dépassé toutes les espérances ; ces accidents, dis-je, sont certainement regrettables, mais ils pourront avoir leur utilité, en nous servant d'avertissement pour l'avenir.

Voici, je crois, de quelle manière nous devons profiter de cet avertissement.

1· Considérons toutes les années comme devant être, comme étant aussi mauvaises, au point de vue de la multiplication du phylloxera, que l'année 1878 et opérons toujours comme il aurait fallu le faire, cette année-là.

2· Quelques jours avant de commencer nos vendanges, assurons-nous, au moyen de sondages pratiqués dans les diverses parties de nos vignes, de la quantité de phylloxeras qui existent dans notre vignoble.

3· Si le nombre de ces insectes est de peu d'importance, le mal qu'ils pourront faire, par leur présence un peu plus prolongée sur les racines, étant insignifiant, attendons, pour submerger, que le bois des sarments soit bien mûr.

4· Si, au contraire, les phylloxeras sont trouvés en grand nombre, empressons-nous de submerger de suite après avoir terminé nos vendanges ; car le mal que l'insecte causerait à nos vignes, par un plus long séjour sur les racines serait considérable. La question de maturité des sarments ne doit pas nous arrêter, parceque : 1· Le mal que feraient de nombreux phylloxeras, serait beaucoup plus grand que celui qui pourrait résulter d'une matùrité incomplète du bois des sarments, au moment de la submersion ; 2· A l'époque dont il est ici question, lorsqu'il y a beaucoup de phylloxeras dans une vigne, la végétation de celle-ci est arrêtée et le bois des sarments est mûr.

5· Un jeune plantier doit être soumis à la submersion dès l'automne qui suit la découverte d'un phylloxera sur ses racines, fut-ce la première année de sa plantation. Des recherches fréquentes sont nécessaires, pour s'assurer du du moment précis où l'invasion d'une jeune vigne se produit. Un moyen bien simple et certain, pour arriver à ce résultat, consiste : lorsqu'on fait une plantation nouvelle, d'intercaller dans les lignes quelques plants supplémentaires. On arrachera, de temps en temps, quelques-uns de ces plants ; ce qui se fera sans porter le moindre préjudice à l'harmonie de la plantation, et on s'assurera ainsi s'il y a ou non des phylloxeras dans cette jeune plantation. Du jour où la submersion est devenue nécessaire à un jeune plantier, elle doit être appliquée dans les mêmes conditions qu'à une vigne vieille.

6· Il faut que la submersion soit complète et, pendant toute sa durée, qu'elle n'éprouve pas la moindre interruption.

7· La durée de la submersion doit varier suivant la nature du sol qu'on a à traiter. Elle sera moins longue dans les terres fortes, compactes, argileuses; et d'autant plus prolongée que le terrain sera plus perméable. En présence des quelques insuccès qui ont été constatés, cette année; profitant de l'expérience de ces insuccès; et persuadé qu'une prolongation de submersion, pour longue qu'elle soit, ne porte aucun préjudice à la vigne, pourvu qu'elle ait lieu pendant le repos de la sève; voici comment je crois que doit être réglée à l'avenir, la durée de la submersion; quelle que soit l'époque à laquelle on l'opère, en automne ou en hiver.

Pour les terres fortes, tenant bien l'eau, elle sera de 55 jours consécutifs ;

Pour les terres d'une moyenne perméabilité, elle devra être de 65 jours ;

Pour les terres très perméables, de 75 jours.

Dans les terrains d'une perméabilité excessive qui, pour être tenus dans un état permanent de submersion, nécessiteraient au moins mille mètres cubes d'eau, par jour et par hectare, je crois qu'il serait inutile de tenter l'opération ; il est très-probable qu'elle ne réussirait pas. Heureusement que ces sortes de terrains sont très-rares.

8· Il est essentiel que la couche d'eau de submersion ait une épaisseur minimum de 20 à 25 centimètres; il serait même préférable qu'elle couvrit la couronne des souches, jusqu'au dessus de l'endroit où la taille doit être faite. Plus la couche d'eau sera épaisse, plus la pression sera forte, moins d'oxygène restera dans l'eau, et plus vite l'insecte sera asphyxié. La même cause explique pourquoi les eaux courantes, en mouvement continuel, produisent moins d'effet sur le phylloxera que les eaux stagnantes, en repos.

9· Toutes les souches devront être à une distance de 0 m 75 à 1m de la base des digues. On évitera ainsi que des racines viennent se loger dans la partie supérieure des digues, où, à l'abri de la submersion, elles servent de refuge à de nombreux phylloxeras.

10· Il est indispensable de fumer avec un engrais bien approprié aux besoins de la vigne. Plus on fumera, meilleurs seronts les résultats, plus grands seront les rendements en fruits et en produits nets.

11· Si, par suite d'une application incomplète du procédé quelques points faibles se manifestaient dans une vigne submergée, on pourrait relever ces points faibles au moyen d'une bonne fumure supplémentaire et de quelques arrosages en été.

Les règles que je viens d'établir diffèrent un peu de celles que j'avais précédemment posées. Les quelques modifications que je leur ai fait subir m'ont été dictées par l'expérience d'une année exceptionnelle, au point de vue de la multiplication du phylloxera. J'espère que ces nouvelles règles seront définitives, pour la meilleure application de la submersion employée comme *moyen cultural.*

Si, dans les cas où elle est applicable, la submersion devait servir à éteindre des foyers phylloxériques naissants, sa durée devrait être portée à 90 jours, dans les terres ordinaires, et à 120 jours dans les terres perméables, *sans la moindre interruption.* Cette prolongation de submersion est certainement exagérée, mais dans beaucoup de cas elle n'augmenterait pas la dépense, et puis, elle donnerait la certitude d'une réussite complète.

Après cette longue digression, que j'ai cru nécessaire pour calmer les appréhensions que des articles imprudents de quelques journaux avaient fait naître dans l'esprit d'un grand nombre de propriétaires qui submergent leurs vignes, ou qui peuvent les submerger ; digression à laquelle il serait utile, je crois, de donner la plus grande publicité ; je reviens à l'objet de la mission que vous m'avez confiée : *étudier les réapparitions estivales du philloxera et en constater l'origine.*

Dans la lettre que j'ai eu l'honneur de vous adresser, le 11 juillet dernier, je disais :

« Le traitement le plus énergique, le plus efficace, lais-
« se toujours échapper quelques philloxeras, lesquels expli-
« quent les réapparitions du mois de Juillet. Faut-il voir
« d'autres origines dans les réinvasions de l'été ? Je pense
« que oui et j'espère pouvoir le prouver, »

Désireux, pour arriver à ce but, de ne présenter que des observations basées sur des faits, je me suis mis en mesure de suivre, de visu, le phylloxera dans toutes ses évolutions, depuis sa sortie de terre, jusqu'à sa disparition de dessus le sol.

Ainsi que j'ai eu déja l'occasion de vous le dire, le phylloxera a tardé beaucoup, cette année, à se montrer sur le sol. Ce n'est que le 15 juillet que nous avons pu en découvrir quelques uns ; mais bientôt le nombre en a augmenté considérablement ; et, dès le 25 juillet, il était facile d'en observer de grandes quantités. De une heure à trois, lorsque la chaleur est à son maximum d'intensité, était le moment où on en voyait le plus. Le nombre de ces insectes a été constamment en augmentation, jusqu'à la mi-août. Le 12 août, mon neveu a trouvé jusqu'à douze aptères, tous jeunes, réunis dans le champ de sa loupe ; c'était à 2 heures de l'après midi, par un temps calme et un soleil brulant ; le thermomètre placé à terre, en plein soleil, marquait, à ce moment, 61 degrés. Les phylloxeras ailés étaient et ont continué à être relativement très rares. Mes observations les plus nombreuses, faites presque tous les jours, avaient lieu dans des vignes situées à une trés petite distance de mon domaine, l'une à l'Est, l'autre à l'Ouest ; celle-ci séparée de mon vignoble par un chemin, l'autre par un petit cours d'eau large de trois mètres. Ces deux vignes, âgées à peine de trois à quatre ans, sont déjà arrivées aux dernières limites de l'épuisement. A voir les évolutions que les phylloxeras font dans ce champ qui ne leur offre plus une alimentation suffisante, il est facile de comprendre qu'ils sont à la recherche de souches à racines plus succulentes et que leur instinct ne tardera pas à les pousser dans mon vignoble. Cependant, les suivre dans leurs pérégrinations, sans les perdre de vue un instant et les voir arriver au terme de leur voyage, n'était pas chose facile, dans les conditions où je me trouvais ; je l'ai entrepris plusieurs fois et n'ai jamais pu réussir. J'ai du limiter mes recherches dans des vignes contigües et qu'aucun obstacle ne séparait. Là il m'a été très aisé de voir, plusieurs fois, de jeunes phylloxeras aptères passant d'une vigne dans l'autre. Au reste ce fait à été constaté tant de fois depuis que je l'ai signalé, il y a dix ans, que le doute n'est plus possible aujourd'hui sur ce point de la question : *Le cheminement de l'insecte à la surface du sol constitue une des causes des réinvasions estivales.*

Cette conclusion, malgré sa solidité, ne m'a pas satisfait

complètement ; j'ai voulu avoir une preuve matérielle qui en fut la confirmation la plus éclatante.

Voici ce que j'ai fait pour arriver à ce résultat :

Sur une planchette, fixée au bout d'un piquet, j'ai disposé une feuille de papier blanc enduite d'une couche d'huile. J'établissais ainsi un piège qui devait me servir à prendre les phylloxeras que le vent soulèverait et chasserait au loin. Les vents qui règnent ordinairement ici, en été, venant de l'Ouest, il eut été essentiel que mon piège fut placé vis-à-vis du foyer d'infection qui, tout près de mon vignoble, existe de ce coté ; mais il y a là un chemin qui n'a pas permis d'opérer de cette manière; le piège ne serait pas resté deux jours en place ; il aurait été enlevé par les passants. Force a donc été de le mettre de l'autre côté, en face du foyer qui existe à l'Est de mes vignes. Le vent, faible ou fort, a persisté, d'une manière désespérante, du Sud-Ouest au Nord-Ouest, pendant près d'un mois. J'étais obligé, tous les deux jours, de remettre une couche d'huile sur mon papier. Divers insectes ailés se prenaient bien au piège, mais pas un phylloxera aptére ne s'y collait. Enfin, le 27 août, une brise assez forte du Nord-Est se leva et dura quelques heures. Ce fut suffisant pour projeter sur le papier huilé de mon piège, 19 jeunes phylloxeras aptères.

Je vous envoie ce papier. Chaque phyllexra est entouré d'un petit cercle tracé au crayon ; il vous sera facile de les voir.

Quand on pense que ce papier ne présente qu'une superficie de 500 centimètres carrés (0^{m} 25 sur 0^{m} 20) et qu'il n'a fallu qu'un instant pour qu'il reçut 19 phylloxeras, on est effrayé de l'incalculable quantité de ces insectes qui, soulevés par le vent, vont porter au loin l'infection, pendant tout le temps de la longue période de leur pérégrination à la surface du sol ; laquelle a une durée de deux à trois mois. *Là est, sans nul doute, la principale origine des réinvasions estivales.* Il n'est pas néçessaire d'insister sur ce point

Uue troisième cause peut et doit contribuer à ces réinvasions ou réapparitions ; ce sont les œufs provenant des insectes sexués. N'ayant jamais pu trouver, dans notre région du midi, ni ces œufs, ni les insectes en provenant directement, ni aucune génération conservant le moindre reste des caractères qui, suivant quelques auteurs, font reconnaître les premiers descendants de ces insectes, il m'est impossible d'émettre une opinion à ce sujet.

Veuillez agréer,

Monsieur le Secrétaire perpétuel etc., etc., eic.

Louis Faucon

P. S. Mes vendanges sont terminées, 23 hectares de vignes m'ont donné 2,100 hectolitres de vin Les aramons ont dépassé 200 hectolitres à l'hectare. Les plants fins : Clairettes, Mourvèdres et Grenaches, ont produit une récolte ordinaire pleine.

Un grand propriétaire de la Gironde m'écrit, à la date du 18 caurant :

« Mes vignes submergées me donnent des récoltes ines-
« pérées et jusqu'ici *inconnues* dans le Bordelais. Malgré
« la grèle, qui m'a enlevé à Ambès au moins 500 pièces,
« je compte récolter 1.200 pièces. Jamais mes vignes n'ont
« été aussi belles. Les submersions prenner t ici des propor-
« tions considérables ; et, jusqu'à préseat, il n'y a pas eu
« un insuccès dans l'application de votre systéme. »

www.ingramcontent.com/pod-product-compliance
Lightning Source LLC
LaVergne TN
LVHW052033160826
845678LV00003B/1310
9782329631479